AF356056

DES QUALITÉS

QUE DOIVENT RÉUNIR

LES

POMMES A CIDRE,

Par M. HAUCHECORNE

*Extrait des publications du Congrès pour l'étude des Fruits à cidre ;
session de Saint-Lô 1868.*

Le Congrès pour l'étude des fruits à cidre avait, dès le début de
son organisation et de ses travaux, posé nettement les bases d'après
lesquelles il entendait apprécier les fruits de pressoir.

« Le meilleur fruit, disait-il, est celui qui, sans le concours d'au-
cun autre, peut servir à fabriquer le cidre d'une qualité supérieure
et, pour être classé au premier rang, ce fruit doit être sucré, amer
et parfumé.

(1) Ce mémoire, soumis au Congrès par M. Hauchecorne, pharmacien à
Yvetot, a été jugé digne d'une médaille d'or. Depuis, son auteur y a ajouté
l'analyse chimique de plusieurs fruits tardifs, non encore en maturité à
l'époque de la réunion de l'Association, à Saint-Lô.

1

« Sucré, parce que le sucre est le principe qui, dans la fermentation, se transforme en alcool et donne au liquide une de ses précieuses qualités ;

Amer, parce que ce principe contribue à la conservation du cidre et lui donne des propriétés hygiéniques ;

« Parfumé, cette qualité rend la boisson agréable au goût et à l'odorat. »

Le Congrès adoptait en même temps la classification la plus logique, celle par saison, c'est-à-dire par époque de maturité.

La première saison comprenait les fruits qui mûrissent en août et septembre ;

La deuxième, en octobre et en novembre ;

La troisième, en décembre et janvier.

Il convenait aussi de préciser la qualité des fruits, en égard toutefois aux aptitudes des arbres, par un nombre de points s'élevant de un à six : le zéro étant attribué aux fruits définitivement rejetés et le six ne pouvant être dépassé.

Depuis cinq ans, le Congrès poursuit avec un zèle et une persévérance au-dessus de tout éloge, l'accomplissement de la tâche qu'il s'est imposée ; et quoique la voie dans laquelle il ne redoutait pas de s'engager en 1864, fût hérissée de difficultés, il dut aux lumières et aux patientes investigations de ses membres fondateurs, de triompher des obstacles contre lesquels beaucoup d'hommes doués de l'esprit de recherche avaient vu déjà se briser leur intelligente initiative.

Une œuvre aussi sagement dirigée ne pouvait manquer d'éveiller d'unanimes sympathies et de produire d'avantageux résultats.

De tous côtés, en effet, l'empressement le plus louable se manifesta et le nombre des fruits soumis à l'examen régulier du Congrès atteignit un chiffre considérable, comme viennent en témoigner les annales des travaux de cette Association savante.

Aujourd'hui, l'on connaît à peu près toutes les meilleures espèces de pommes de chaque saison, et si les fruits types, les fruits à six points sont relativement peu nombreux, ceux qui se recommandent à l'attention des pépiniéristes par cinq et par quatre points se présentent en quantité assez notable pour que les trois catégories réunies fournissent une ample satisfaction au choix le plus sévère et le plus épuré du planteur.

Mais, tout en proclamant hautement et avec la plus profonde sincérité l'importance des améliorations réalisées par le Congrès, nous nous sommes demandé si le mode d'appréciation des fruits par la saveur seule, bien qu'exercé par des hommes éminemment capables, pouvait suffire dans tous les cas à déterminer la présence des éléments utiles contenus dans les fruits à cidre ; en d'autres termes, si les fruits à cidre n'admettaient pas au rang de leurs principes utiles, une ou plusieurs substances entièrement insapides, et par là même, susceptibles d'échapper à la dégustation la plus délicate.

Pour résoudre cette qnestion, il nous a fallu, naturellement recourir à l'analyse chimique, puis étudier les propriétés organoleptiques des éléments trouvés et déterminer, enfin, le rôle exact qu'est appelé à jouer chacun d'eux, dans le grand acte de la fermentation.

C'est le résumé de nos essais et les observations qu'ils nous ont suggérées que nous nous proposons de relater ici, en y joignant le détail de nos expériences, pour favoriser à les répéter quiconque le désirerait, afin d'en contrôler la précision.

Nous avons procédé d'abord à des analyses individuelles de *fruits choisis parmi les meilleurs* de chaque saison ; le jus de ces pommes, à de légères variantes près, dans les proportions de quelques-uns de ses éléments, nous a fourni : de l'eau, du sucre ou glucose, du mucilage, de l'acide malique libre, du tannin, un principe extractif amer d'autant plus accentué que le fruit est proche de sa maturité, de l'albumine, du gluten, de la matière colorante, de l'huile essentielle ou parfum de la pomme, une matière grasse et des malates de potasse et de chaux.

Opérant ensuite sur des *fruits connus pour faire de la boisson détestable*, nous avons recueilli les mêmes substances, seulement en quantité très différente, sauf, toutefois, l'albumine, le gluten, la matière grasse, les malates de potasse et de chaux qui n'ont guère varié ; aussi, nous est il permis d'affirmer, dès à présent, que les *pommes qui produisent le meilleur cidre ne doivent point leur supériorité à l'existence d'un principe unique dont seraient dépourvus les mauvais fruits*, mais plutôt aux justes proportions dans lesquelles se trouvent associés, tout particulièrement, le glucose, l'acide malique, le mucilage, le tannin et le principe amer ; c'est, du moins, ce qui nous a paru résulter nettement des expériences suivantes :

Notre première analyse s'est effectuée sur un gain mûrissant fin août, obtenu par M. Legrand, pépiniériste à Yvetot, et désigné dans son exploitation par le nom de Hâtive-Legrand.

Voici comment on a traité ces fruits :

On en a écrasé un kilogramme et soumis la pulpe à l'action de la presse ; le jus recueilli a été filtré au papier blanc Prat-Dumas et pesé à l'aréomètre de Baumé ou pèse-sels, auquel il a offert une densité de 8 degrés.

La filtration des jus au papier a pour but de les débarrasser de tous les corps qu'ils tiennent en suspension, notamment de l'albumine et des débris de tissu cellulaire, et de les réduire à leurs seuls éléments solubles dans l'eau.

Cette manœuvre est indispensable au succès des expériences. On a cherché d'abord à déterminer le titre acide du fruit, c'est-à-dire la proportion exacte d'acide malique qu'il renferme, car les pommes à cidre n'offrent pas comme les fruits à couteau une quantité uniforme de ce principe ; pour cela, on a commencé par mettre en réserve un gramme de bi-carbonate de soude finement pulvérisé, puis on a porté à l'ébullition cent grammes de jus filtré ; à ce moment on a retiré le vase du feu et laissé tomber dans le liquide le bi-carbonate de soude, par petites portions, jusqu'à ce qu'en agitant, il ne se produisît plus d'effervescence ; on a pris de nouveau le poids de la poudre et constaté qu'il en avait fallu trois décigrammes pour neutraliser l'acide malique libre ; or, des essais répétés nous ayant appris qu'une partie de cet acide en exige trois de bi-carbonate de soude pour être saturée, il en résulte qu'un kilogramme de jus de ces pommes contient un gramme d'acide malique à l'état de liberté.

Les personnes qui craindraient de ne pas saisir le point final de l'effervescence trouveront dans l'emploi du papier de tournesol un moyen efficace de contrôle ; ce réactif ne doit pas rougir au contact du jus saturé.

Le dosage du principe astringent, bien qu'aussi facile et non moins prompt en apparence. à l'aide de la méthode volumétrique de Pédroni ou de celle de Vagner, qui offrent l'une et l'autre le précieux avantage de séparer seul le tannin de ses dissolvants, nous a présenté de sérieuses difficultés par la lenteur avec laquelle le précipité s'organise et devient pondérable.

Nous avons adopté toutefois le sulfate de cinchonine et préparé notre liqueur d'épreuve de façon à ce que la composition élémentaire du tannate de cinchonine recueilli indiquât exactement la proportion de principe astringent supposé sec, renfermé dans les jus de pommes.

Cette liqueur d'épreuve a été disposée comme suit :

On a dissous 2 grammes 30 centigrammes de sulfate neutre de cinchonine dans 500 grammes d'eau de pluie, acidulée par 10 gouttes d'acide sulfurique pur.

Le tannate de cinchonine obtenu dans ce cas se compose de tannin, 1,000 parties ; cinchonine, 452.

Voici maintenant ce que l'on a fait : On a pris 100 gr. de jus filtré que l'on a étendus de 100 gr. d'eau de pluie et on y a versé 50 gr. de la liqueur d'épreuve, afin d'avoir tout de suite un excès de cinchonine et être assuré d'un précipité plus consistant. Une fois le dépôt formé et le liquide surnageant parfaitement éclairci (6 heures à peu près), on a filtré sur un papier séché et pesé à l'avance ; enfin, le précipité a été soumis à l'action d'une douce chaleur jusqu'à dessication complète, pesé, et, déduction faite du poids du papier, le précipité a été de 72 centigrammes, soit 7 grammes 20 centigrammes pour 1 kilogramme de jus. -

Pour connaître ensuite le poids réel du tannin, on établit l'équation suivante :

1,452 milligrammes tannate de cinchonine type sont à 1,000 milligrammes tannin, comme 7,200 milligrammes tannate trouvé sont à x, soit :

$$1,452 : 1,000 :: 7,200 : x = 7,200 \times \tfrac{1,000}{1,452} = 4 \text{ gr. } 958 \text{ milligr.}$$

Le kilogramme de jus renfermait, par conséquent, 4 grammes 958 milligrammes de tannin (1).

Il restait encore à déterminer le poids du mucilage et celui du sucre ; on y est arrivé aisément en faisant évaporer dans une assiette de porcelaine, sur un feu très doux et jusqu'à dessication complète, 100 grammes de jus filtré ; l'extrait sec pesait 15 grammes 80 centi-

---

(1) Il arrive parfois que le tannin existe en proportion si minime dans le jus, que le tannate de cinchonine reste en suspension et ne se sépare pas ; on le rend pondérable en évaporant le liquide à moitié de son volume ; la chaleur coagule le tannate ; on filtre au papier, on lave le précipité et on en prend ensuite le poids. Les pommes de Sonnette, de Rouge-Bruyère-Argile, de Vieux-Moulin et de Damassé, nous ont obligé à opérer ainsi.

grammes ; on l'a dissous dans 60 grammes d'eau de pluie, et la liqueur introduite dans un flacon de verre a été mélangée avec 200 grammes d'alcool rectifié ramené à 80 degrés centésimaux ; à l'instant même, il s'est produit au sein du liquide de gros flocons lanugineux, c'était le mucilage qui se précipitait de sa dissolution. Une fois le dépôt bien organisé (demi-heure), on a jeté le tout sur un filtre de papier séché et pesé ; le précipité, lavé à deux reprises avec chaque fois 60 grammes d'alcool à 80 degrés centésimaux, pour le purifier entièrement du glucose et des sels solubles dont il restait imprégné, a été soumis ensuite à l'action d'une douce chaleur jusqu'à siccité complète. On a pesé le filtre ainsi gommé et, déduction faite du poids du papier, celui du mucilage a été de 8 grammes 30 centigrammes.

Le glucose, à son tour, a été dosé à l'état sec et d'après les données suivantes : On se rappelle que 100 grammes de jus filtré ont fourni par l'évaporation 15 grammes 80 centigrammes, soit 158 grammes par kilog. de matière solide ; sur cette quantité, nous avons déjà isolé :

Acide malique . . . . 1 gr. 000 ⎫
Tannin 4   958 ⎬ Ensemble . . . . 14 gr. 258
Mucilage sec. 8   300 ⎭

Il convient maintenant d'ajouter pour acide pectique, malates alcalins, huiles grasse et volatile, matière azotée (poids uniforme dans toutes les variétés de fruits à cidre).   1   000

Il restera donc pour le glucose. 142   742

Au résumé, 1 kilogramme de jus de la pomme Hâtive-Legrand était composé de :

Acide malique . . . .   1 gr. 000
Tannin   4   958
Mucilage sec.   8   300
Glucose sec.   142   742

Acide pectique . . . . ⎫
Malates alcalins. . . . ⎪ 1 000   ⎫ Poids sensiblement iden-
Huiles grasse et volatile ⎪   ⎬ tique dans toutes les
Matière azotée . . . . ⎭   ⎪ variétés des fruits à
                                    ⎭ cidre.
Eau.   842   000
                          ⎯⎯⎯⎯⎯⎯⎯⎯⎯⎯
      Total. . . . .   1,000 gr. 000

Ces procédés analytiques, qui sont à nos yeux la limite extrême de la simplicité, ont été répétés sur tous les fruits inscrits au tableau ci-joint :

POMMES DE PREMIÈRE SAISON.

HATIVE-LEGRAND.

Fruit amer.

	gr. mill.
Densité du jus, 8°.	
Glucose sec. . . .	142,742
Mucilage sec	8,300
Tannate 7,20. tannin.	4,958
Acide malique. . . .	1,000
Malates alcalins et divers.	1,000
Eau	842,000
Total du jus. . .	1,000,000

BLANC MOLLET [N° 3].

Fruit amer.

	gr. mill.
Densité du jus, 10°.	
Glucose sec.	189,000
Mucilage sec	8,800
Tannate 6,70, tannin.	4,614
Acide malique. . .	1,000
Malates et divers. . .	1,000
Eau	795,586
Total	1,000,000

BELLE FILLE [N° 28] (1).

Fruit acidulé.

	gr. mill.
Densité du jus, 7°5.	
Glucose sec.	140,000
Mucilage sec	5,500
Tannate 5, tannin . .	3,443
Acide malique. . . .	1,170
Malates et divers. . .	1,000
Eau.	848.887
Total	1,000,000

GIRARD.

Fruit acide.

	gr. mill.
Densité du jus 6°5.	
Glucose sec.	122,000
Mucilage sec	3,900
Tannate 3, tannin . .	2,066
Acide malique . . .	1,333
Malates et divers. . .	1,000
Eau	869,701
Total	1,000,000

(1) Les noms des variétés dont la figure et la description se trouvent dans les archives du Congrès, sont suivis d'un numéro de concordance, qu'on a ajouté afin de mieux préciser leur idendité. Les chiffres précédés de l'indication (n°) se rapportent à la série des fruits étudiés par la Société d'Horticulture de la Seine-Inférieure. Les chiffres non accompagnés de cette indication se rapportent à la série des fruits étudiés par le Congrès.

POMMES DE DEUXIÈME SAISON.

GROS MUSCADET [N° 173] (1).
Fruit amer et parfumé.

	gr. mill.
Densité du jus, 9°.	
Glucose sec.	161,000
Mucilage sec	4,600
Tannate 3,50, tannin.	2,410
Acide malique. . . .	1,000
Malates et divers . .	1,000
Eau	829,990
Total	1,000,000

DOUX A LAIGNEL, VAGNON ROUGE.
Fruit doux et parfumé

	gr. mill.
Densité du jus, 8°.	
Glucose sec.	146,000
Mucilage sec	7,400
Tannate 9, tannin .	6,198
Acide malique. . . .	0,830
Malates et divers. . .	1,000
Eau	838,572
Total	1,000,000

AMER DOUX.
Fruit amer.

	gr. mill.
Densité du jus, 7°.	
Glucose sec.	128,000
Mucilage sec	9,200
Tannate 3, tannin .	2,066
Acide malique. . . .	1,000
Malates et divers. . .	1,000
Eau	858,734
Total	1,000,000

DOUX ÉVÊQUE (N° 45).
Fruit doux et parfumé.

	gr. mill.
Densité du jus, 8°.	
Glucose sec.	176,000
Mucilage sec	13,200
Tannate 7,52, tannin.	5,179
Acide malique. . . .	1,000
Malates et divers. . .	1,000
Eau	803,621
Total	1,000,000

VAGNON-LEGRAND.
Fruit amer et parfumé.

	gr. mill.
Densité du jus, 10°.	
Glucose sec.	176,000
Mucilage sec	7,150
Tannate 8,55, tannin.	5,888
Acide malique . . .	0,830
Malates et divers. . .	1,000
Eau.	809,132
Total	1,000,000

DEMI-SURE-DUBUC.
Fruit acidulé.

	gr. mill.
Densité du jus, 7°.	
Glucose sec.	130,000
Mucilage sec	6,250
Tannate 3,50, tannin.	2,410
Acide malique. . . .	1,170
Malates et divers. . .	1,000
Eau.	859,170
Total	1.000,000

(1) *Voir* la note p. 135.

MARTIN-FESSARD.

Fruit amer et parfumé.

	gr. mill.
Densité du jus, 10°.	
Glucose sec.	175,000
Mucilage sec	12,200
Tannate 10,10, tannin	6,955
Acide malique. . . .	1,000
Malates et divers. . .	1,000
Eau.	803,845
Total	1,000,000

ROUGE BRUYÈRE HATIF.

Fruit doux et parfumé.

	gr. mill.
Densité du jus, 6°5.	
Glucose sec.	123,000
Mucilage sec	4,000
Tannate 3, tannin. .	2,066
Acide malique. . . .	1,000
Malates et divers. . .	1,000
Eau.	868,934
Total	1,000,000

PARADIS.

Fruit doux très parfumé.

	gr. mill.
Densité du jus, 10°.	
Glucose sec.	175,000
Mucilage sec	14,800
Tannate 7,10, tannin.	4,960
Acide malique. . . .	1,000
Malates et divers . .	1,000
Eau	803,240
Total	1,000,000

ROUGE BRUYÈRE [VRAI OU ROUGE] (N° 31 bis).

Fruit doux et parfumé.

	gr. mill.
Densité du jus, 9°.	
Glucose sec.	158,000
Mucilage sec	8,100
Tannate 5, tannin. .	3,443
Acide malique. . . .	0,662
Malates et divers. . .	1,000
Eau.	828,795
Total	1,000,000

SONNETTE (N° 27).

Fruit doux et parfumé

	gr. mill.
Densité du jus, 8°5.	
Glucose sec.	150,000
Mucilage sec	15,000
Tannate à chaud 2, tannin.	1,377
Acide malique. . . .	1,000
Malates et divers. . .	1,000
Eau	831,623
Total	1,000,000

ROUGE BRUYÈRE [DE ROUEN OU GRIS] (N°s 31 ET 232).

Fruit doux et parfumé.

	gr. mill.
Densité, 10°2.	
Glucose sec.	180,000
Mucilage sec	15,000
Tannate à chaud 2, tannin.	1,377
Acide malique. . . .	0,663
Malates et divers. . .	1,000
Eau.	801,960
Total	1,000,000

POMMES DE TROISIÈME SAISON.

ARGILE.
Fruit légèrement amer.

	gr. mill.
Densité du jus, 14°7.	
Glucose sec.	194,000
Mucilage sec	15,000
Tannate 8,50, tannin.	5,887
Acide malique. . . .	0,663
Malates et divers. . .	1,000
Eau.	783,450
Total	1,000,000

BEDANE (N° 39).
Fruit légèrement amer.

	gr. mill.
Densité du jus, 10°.	
Glucose sec.	175,000
Mucilage sec . .	14,400
Tannate 8, tannin .	5,509
Acide malique. . .	0,720
Malates et divers. . .	1,000
Eau	803,381
Total . . .	1,000,000

MARIN ANFRAY, AMERET (Nᵒˢ 37 ET 239).
Fruit amer.

	gr. mill.
Densité du jus, 9°.	
Glucose sec.	147,000
Mucilage sec	19,400
Tannate 7,50, tannin.	5,166
Acide malique. . .	1,000
Malates et divers . .	1,000
Eau	826,424
Total	1,000,000

GROS DOUX
Fruit doux.

	gr. mill.
Densité du jus, 8°.	
Glucose sec.	150,000
Mucilage sec	5,500
Tannate 3, tannin . .	2,066
Acide malique. . . .	1,000
Malates et divers. .	1,000
Eau.	840,434
Total	1,000,000

PEAU DE VACHE (Nᵒˢ 163, 234, ET 288).
Fruit amer.

	gr. mill.
Densité du jus, 9°.	
Glucose sec . . .	150,000
Mucilage sec	14,000
Tannate 8, tannin. .	5,509
Acide malique. . . .	0,661
Malates et divers . .	1,000
Eau	828,830
Total	1,000,000

PEAU DE VACHE PETITE,
Fruit légèrement amer.

	gr. mill.
Densité du jus, 9°.	
Glucose sec.	160,000
Mucilage sec	7,000
Tannate 3, tannin . .	2,066
Acide malique . . .	1,000
Malates et divers. . .	1,000
Eau.	828,934
Total	1,000,000

VIEUX MOULIN (No 269 *ter*).			DAMASSÉ (No 36).		
Fruit doux.			Fruit doux.		
	gr.	mill.		gr.	mill.
			Densité, 8°8.		
Densité, 9°.			Glucose sec.		160,000
Glucose sec.		160,000	Mucilage sec		9,000
Mucilage sec		10,000	Tannate à chaud 2,50,		
Tannate 2, tannin . .		1,377	tannin		1,720
Acide malique. . .		0,750	Acide malique. . . .		0,830
Malates et divers. . .		1,000	Malates alcalins et divers		1,000
Eau.		826,873	Eau		827,450
Total		1,000,000	Total		1,000,000

Maintenant, si nous nous livrons à l'examen attentif de la composition des meilleures pommes de chaque saison, n'arrivons-nous pas à découvrir que *les éléments souverainement utiles dans les fruits de pressoir sont le sucre ou glucose, le mucilage, le tannin, l'acide malique, le principe amer et le parfum*; que, si ces éléments paraissent être en rapport assez constant entre les bonnes variétés de chaque saison, la proportion de chacun d'eux diffère lorsqu'il s'agit de fruits de première, de deuxième ou de troisième saison; qu'enfin les pommes qui jouissent d'une haute renommée pour faire le cidre d'un seul solage sont précisément les plus riches en principe mucilagineux et tanniques et les plus pauvres en acide malique (Blanc-Mollet, Martin-Fessard, Doux à Laignel ou Vagnon rouge, Paradis, Argile, Bédane, etc.).

Mais avant de nous occuper du sort réservé ultérieurement à ces éléments, voyons tout de suite comment ils se comportent à la dégustation.

Le sucre et le principe amer, doués l'un et l'autre d'une saveur *sui generis*, se reconnaissent aisément par le goût; une sensation de fraîcheur indique la présence de l'acide malique, comme une âpreté franche dénote celle du tannin; on dit, du fruit spongieux à la bouche, qu'il manque d'eau; il en a trop, au contraire, si le jus ruisselle dans cet organe; l'odorat savoure le parfum suave et pénétrant qui s'exhale du fruit mûr; mais, qui vient révéler aux papilles de la muqueuse de la langue l'onctueux et insapide mucilage, le tempérant du principe acide et l'élément conservateur du cidre par excellence, comme nous l'établirons dans un instant? Rien absolument, car ses propriétés organoleptiques sont neutres, il est dépourvu de saveur; il passe inaperçu comme l'albumine, le gluten et les malates de potasse et de chaux; et cependant le mucilage est un des composés les plus utiles à signaler dans les jus de pommes, puisque ce sera du sucre un peu plus tard.

Cet échec n'est pas le seul qu'ait à subir l'épreuve du goût; ce sens frappé déjà d'insuffisance quand il est question d'indiquer seulement la nature des éléments disséminés dans la chair du fruit, devient notoirement impuissant du moment où il faut préciser les rapports de quantité qui existent entre eux. Nous allons démontrer cependant, tout-à-l'heure, en rectifiant l'inexactitude des opinions accréditées sur les rôles du mucilage, du tannin et de l'acide malique, quelle importance il y a, au point de vue de la fabrication industrielle du cidre, à connaître exactement à l'avance la proportion de chaque composé qui doit éprouver l'action désorganisatrice des ferments.

Tout le monde sait que le phénomène de la fermentation alcoolique ne peut s'accomplir sans la réunion de cinq agents : le sucre, l'eau, la chaleur, le ferment et l'air

Le *sucre* est l'élément inerte, pour ainsi dire, du travail. C'est sur lui que s'exerce l'action des autres pour opérer sa transformation. Il donne alors naissance à de l'alcool et à de l'acide carbonique, chacun pour à peu près la moitié de son poids (1). Le premier reste combiné au liquide, le second s'en dégage en grande partie.

L'*eau* est, dans la nature, un des agents les plus énergiques de la désorganisation des corps. C'est, grâce à l'état de dissolution auquel elle amène les matières sucrées que le ferment peut intervenir utilement. Aussi, c'est de la proportion dans laquelle elle s'y trouve associée que dépendent la régularité de l'opération et la transformation complète du glucose.

Nos observations personnelles nous ont appris que la densité des

---

(1) M. Pasteur a établi en 1859, par de nombreuses analyses, que, sur 100 grammes de sucre qui fermentent, 5 à 6 grammes se transforment en glycérine et en acide succinique. Cet habile analyste a constaté qu'un litre de vin renfermait jusqu'à 6 et 8 grammes du premier composé, et 1 gr. à 1,50 du second.

jus la plus favorable, était comprise entre 5 et 10 degrés de l'aréomètre de Baumé ou pèse-sels. Au-dessus, on court les risques
de la fermentation lactique ; au-dessous, on est exposé à l'acétification.

La *chaleur* est un autre agent de décomposition qui, par ses proportions, exerce une influence analogue à celle de l'eau, sur la
marche de la fermentation alcoolique. A 0 degré, celle-ci ne se
produit pas ; mais le travail s'effectue dans les meilleures conditions
lorsque la température est comprise entre 10 et 15 degrés du ther-
momètre centigrade.

Le rôle de l'*air* dans la fermentation, et la nature ainsi que l'action
des ferments sont restés, pendant longtemps, les points les plus
obscurs de la chimie. Ils sont encore controversés aujourd'hui,
malgré les travaux remarquables de MM. Pasteur et Berthelot.

Pour la pratique, il nous suffira de savoir que l'intervention de
l'air est une nécessité démontrée, parce que le jus des pommes ne
contient pas de ferment tout fait, mais une matière albuminoïde,
susceptible de le devenir ou de l'engendrer après avoir subi l'action
de l'oxygène.

Quant aux *ferments*, on désigne sous cette dénomination des substances organiques azotées (albumine, gluten, levûre, etc.), qui paraissent être spécialement les agents provocateurs de la décomposition ; telles étaient, du moins, les idées généralement reçues, à cet
égard, lorsque le 23 avril 1860, M. Pasteur fit une communication à
l'Académie dans laquelle il rendait compte d'une série d'expériences tendant à prouver que des êtres vivants sont l'origine de
toutes les fermentations proprement dites.

Quelle que soit, du reste, la théorie adoptée en cette circonstance,
il est un fait capital qu'on ne doit pas perdre de vue, à cause des
conséquences pratiques qui en découlent, c'est que, dans le phénomène complexe de la décomposition des jus de fruits, comme de
toutes les substances organiques, aussitôt la matière convertie en
alcool et en acide carbonique, si l'on n'a pas soin de remplir exactement et de boucher hermétiquement le vase qui renferme le
liquide alcoolisé, il se produit, sous l'influence de l'oxygène, une
fermentation d'une autre nature, qui s'exerce sur l'alcool et le transforme à son tour, c'est la fermentation acétique ; puis si l'on ne
soustrait pas le liquide aux débris des substances azotées que la

fermentation alcoolique a détruites, ils entrent eux-mêmes en décomposition et la fermentation putride a lieu.

Telle est la loi naturelle qui régit les phénomènes de la décomposition des fruits et qui explique comment il arrive qu'en brassant de très bonnes pommes, beaucoup de gens, soi-disant habiles, trouvent encore le moyen d'obtenir, non pas du cidre, mais une espèce de vinaigre puant qui, après avoir empoisonné les barriques dans lesquelles on le garde, va porter le germe des affections putrides au sein de l'organisme des plus robustes constitutions (1).

Le *sucre* ou *glucose*, avons-nous dit, est l'élément passif du travail; en effet, soit que le gluten ou ferment agisse sur l'albumine et l'acide malique, par simple contact, comme le pensait Berzélius, ou par mouvement communiqué, suivant M. Liebig, ou par un être qui viendrait de l'air que nous respirons, si l'on en croit M. Pasteur; toujours est-il que le point initial de la fermentation une fois posé, le sucre est attaqué par le ferment, l'albumine et l'acide malique, et voué fatalement à une destruction complète, destruction d'autant plus rapide qu'il est moins protégé contre ses vigoureux agresseurs par le mucilage et le tannin.

Le *mucilage*, on le sait, résulte de la dissolution d'un principe gommeux dans l'eau de végétation des pommes à laquelle ce principe communique une certaine viscosité.

Nous avons vu précédemment qu'on peut isoler le mucilage en traitant l'extrait liquide du suc des fruits par trois fois son poids d'alcool à 80 degrés ; il se précipite alors sous forme de masse gélatineuse qu'on purifie à l'aide de deux lavages à l'alcool. En soumettant cette matière à l'action d'une douce chaleur, elle perd beaucoup de son volume et se réduit en lamelles ou en paillettes blondes, transparentes, très solubles dans l'eau et très avides d'humidité.

Ce principe gommeux, considéré à tort jusqu'à ce jour comme une substance inerte destinée à augmenter la masse des lies, garde son entière solubilité pendant l'acte fermentatif; il partage, en outre, avec tous les corps féculents ou amylacés la précieuse faculté de se transformer en glucose sous l'influence des acides faibles et d'un

(1) Voir la deuxième édition de notre brochure : *Le Cidre*, *fabrication*, *conservation et action physiologique*, p. 17 à 25.

ferment; mais cette modification dans l'état d'équilibre de ses atomes ne saurait se produire d'un instant à l'autre; il faut, d'ailleurs, que l'acide malique stimulé par le ferment désagrège ce principe gommeux, qu'il le convertisse en dextrine, laquelle se change en glucose à son tour.

Cette phase intermédiaire du travail s'accomplit toujours avec une certaine lenteur, malgré les attaques incessantes de l'acide malique; mais lorsque les jus sont riches de mucilage et de tannin et peu chargés d'acide, comme dans les pommes Doux-Évêque, Vagnon rouge, Paradis, Peau de Vache, etc., la puissance de la matière fermentescible entravée tout à la fois par le tannin qui précipite l'albumine, par le mucilage qui résiste vivement à l'acide malique, arrive à un tel point d'atténuation, qu'une fois le mucilage converti en glucose, cette matière manque souvent d'action pour le transformer en alcool et en acide carbonique.

C'est ce qu'on observe dans tous les cidres qui, dix à douze mois après la fermentation tumultueuse, accusent encore une saveur nettement sucrée, en même temps qu'ils ne se sont pas éclaircis.

Personne, que nous sachions, n'a signalé cette propriété qu'a le mucilage d'émousser l'action de l'acide malique; nous avions donc raison de le considérer comme l'*élément conservateur du cidre par excellence*. Quel but,. en effet, se propose-t-on d'atteindre dans la conservation d'une boisson alcoolique quelconque? Le maintien intégral de la somme de ses qualités; or, nous avons vu que dans l'ordre de décomposition imposé par la nature aux fruits juteux, pommes, poires, raisins, etc., la fermentation acétique occupait le second rang et n'avait lieu qu'après la destruction du sucre et sa conversion en alcool et,en acide carbonique. Si donc on introduit dans la composition élémentaire de la boisson une substance douée de la faculté de perpétuer, pour ainsi dire, la présence du principe sucré (tel est ici le rôle du mucilage), il est évident que la boisson sera conservée dans l'acception vraie du mot, puisqu'on sera parvenu à maintenir l'équilibre entre ses éléments et à empêcher l'alcool d'être transformé en acide acétique, signe manifeste d'une altération commençante.

Voulût-on contester la validité de notre système que nous répondrions par un fait pratique qui confirme hautement notre opinion, c'est celui du brasseur qui nourrit son cidre, c'est-à-dire qui introduit chaque année dans son cidre quelques seaux de jus nouveau destinés, par le sucre qu'ils renferment, à continuer la fermentation alcoolique et à prévenir l'acétification du liquide.

L'action du *tannin* n'est pas moins nettement définie que celle du mucilage. Ce composé jouit du pouvoir particulier de frapper d'insolubilité une partie de l'albumine et de rendre le ferment impuissant à exciter au sein des jus de pommes les perturbations que sa nature agressive tendrait sans cesse à provoquer.

De là, deux propriétés bien distinctes attachées au tannin : l'une qui le constitue *principe clarifiant des jus*, et l'autre qui en fait le *régulateur de l'acte fermentatif*. C'est probablement à cette dernière fonction qu'il doit d'être considéré par beaucoup de personnes comme l'agent direct de la conservation du cidre, ce qui n'est pas exact.

Il est bien vrai que, par suite de son action sur l'albumine et le ferment, il augmente les qualités de la boisson parce qu'en modérant le mouvement des jus, il permet à leurs principes constitutifs de subir une élaboration plus complète qui favorise la conservation du liquide ; car, dans le cidre comme dans le vin, il existe deux éléments perturbateurs dont il faut surveiller attentivement les allures, sous peine d'être exposé à ne recueillir que des produits très médiocres ; ce sont l'albumine et les acides malique et tartrique : on en connaît heureusement les correctifs et quand on leur oppose le tannin et le mucilage en proportions convenables, on arrive à neutraliser leurs mauvaises tendances et à créer une fermentation presque insensible dans laquelle naissent les éthers qui donnent le bouquet aux vins et aux cidres.

Il est facile de démontrer, par un exemple, que *le tannin n'est pas le principe réellement conservateur des boissons fermentées*.

Les poires à brasser fournissent par la pression une abondante quantité de jus qui fermente très violemment, mais qui passe aussi très vite à l'aigre, c'est là un fait incontestable et il ne saurait en être autrement, puisque de tous les fruits juteux ce sont les plus chargés de matière fermentescible (albumine et acide) ; cependant ils sont très riches en principe acerbe ; il suffit de goûter un de ces fruits pour s'en convaincre ; or, si le tannin seul avait réellement la faculté de conserver la boisson, il garantirait le poiré contre la dégénérescence acétique ; il n'en est rien.

La prompte acétification de cette liqueur s'expliquerait beaucoup plus logiquement, selon nous, par le peu de mucilage contenu dans les poires (1). Ce principe faisant presque entièrement défaut, les agents fermentescibles ne rencontrent qu'une faible résistance et se livrent alors à une agitation désordonnée dont le résultat final est la production de l'acide acétique.

Le groupe des *agents fermentescibles* se compose du *gluten*, de *l'albumine*, de *l'acide malique* et accidentellement de la *matière pulpeuse des fruits*, provenant d'un broyage exagéré (2), quatre substances qui doivent préoccuper le brasseur au plus haut point dans le travail de la fermentation. Mais il rendra tout de suite sa tâche bien facile, s'il a soin d'opérer *l'assortiment des fruits*, de façon à obtenir *beaucoup de tannin* pour neutraliser l'albumine et une somme suffisante de *mucilage* pour faire équilibre à l'acide malique; quant à la matière pulpeuse, il en éliminera la plus grande portion, s'il veille à soutirer son cidre entre deux lies.

Le moment est peut-être favorable de se demander quel est le rôle de *l'acide malique* dans la fermentation et de déterminer les conditions de sa présence.

Nous avons affirmé déjà que ce corps était *l'auxiliaire* le plus actif de *l'albumine* pour opérer le dédoublement du sucre en même temps qu'il paraissait spécialement chargé de *désagréger le mucilage* pour favoriser sa transformation en dextrine et l'amener à l'état de glucose; il n'est pas là seulement à ce double titre et la présence de cet agent dans les jus ne nous semble pas moins indispensable que celle du mucilage et du tannin; il a pour emploi *d'assurer la prédominance du ferment alcoolique*, car il est établi par les travaux de M. Dubrunfaut et ceux plus récents de M. Lehman sur les fermentations visqueuse et lactique, que tous les jus sucrés qui sont neutres, c'est-à-dire qui ne renferment pas une certaine proportion d'acide, sont impropres à éprouver les phénomènes réguliers de la fermen-

---

(1) L'analyse d'une poire de Gros-Vert nous a fourni, sur 1 kilogramme de jus frais : glucose à 38°, 144 grammes; mucilage, 2 grammes; tannate de cinchonine, 9 grammes; tannin, 6 gr. 198; il a fallu 6 grammes de craie.

(2) On oublie trop, en fait de pressurage, que l'enveloppe des petites outres ou cellules qui renferment les sucs du fruit est un composé albuminoïde très fermentescible qui ne cède en rien à la boisson, sinon une masse de lie qu'on peut évaluer, sans être taxé d'exagération, à huit fois le volume de celle qui se produit dans la même quantité de cidre obtenu par la méthode de déplacement.

2

tation alcoolique ; ils subissent invariablement la dégénérescence visqueuse ou lactique.

Un fait, dont tout le monde peut vérifier l'exactitude, vient nous appuyer de son autorité, c'est celui qui a trait à la méthode suivie par les pharmaciens dans la préparation des jus de groseilles et de framboises ; cette méthode consiste à écraser les fruits avec un dixième de leur poids de cerises aigres dont l'acidité a pour effet de développer dans la masse les symptômes de la fermentation alcoolique qui ne se produiraient, sans cette addition, qu'avec la plus grande difficulté.

Mais dans quel cas doit-on recourir aux *fruits acides* et surtout en *quelle proportion* convient-il d'en user ?

Il sera toujours nécessaire de les associer aux pommes chargées de mucilage et de tannin, chez lesquelles la fermentation marche avec trop de lenteur ; la quantité variera de un douzième à un dixième, suivant l'acidité du fruit employé et en vue d'amener le moût à contenir un gramme d'acide pour mille, proportion qui doit être la base rationnelle du principe acide des jus. Il va de soi que si l'on n'avait pas de pommes acides à sa disposition, on pourrait y suppléer par du vieux cidre à la dose de 25 litres pour remplacer un hectolitre de pommes.

Ici se termine l'étude des principes réellement utiles dont on a besoin de connaître les proportions pour le classement définitif des fruits de pressoir.

Il est impossible, comme on le voit, d'arriver par la dégustation seule à constater la composition élémentaire des pommes ou des poires. Si cette analyse organoleptique indique avec certitude le principe amer, l'eau et le parfum, il lui faut absolument le concours de l'analyse chimique pour révéler exactement le sucre, le mucilage, le tannin et l'acide malique ; nous considérons donc indispensable la réunion de ces moyens, lorsqu'il s'agira d'apprécier en dernier ressort les qualités que doivent réunir les pommes à cidre pour être classées au nombre des meilleures.

HAUCHECORNE.

Yvetot, 7 octobre 1868.

ROUEN. — IMP. DE H. BOISSEL.